# LA PALESTINE

## ET

## LE PLAN DIVIN

PAR

M. L'ABBÉ LAURENT DE SAINT-AIGNAN

CHANOINE DE LA CATHÉDRALE D'ORLÉANS

MEMBRE DE L'ACADÉMIE DE SAINTE-CROIX

**PREMIÈRE PARTIE**

ORLÉANS

IMPRIMERIE PAUL GIRARDOT

VIS-A-VIS DU MUSÉE

# LA PALESTINE

## ET

## LE PLAN DIVIN

PAR

### M. L'ABBÉ LAURENT DE SAINT-AIGNAN

CHANOINE DE LA CATHÉDRALE D'ORLÉANS

MEMBRE DE L'ACADÉMIE DE SAINTE-CROIX

**PREMIÈRE PARTIE**

ORLÉANS

IMPRIMERIE PAUL GIRARDOT

VIS-A-VIS DU MUSÉE

EXTRAIT DU TOME VI

# DES LECTURES ET MÉMOIRES

DE L'ACADÉMIE DE SAINTE-CROIX

# LA PALESTINE ET LE PLAN DIVIN

## PREMIÈRE PARTIE

La Palestine a été choisie par le Très-Haut pour être la base d'un grand mouvement spirituel — d'un mouvement qui devait traverser tous les siècles et s'étendre à toutes les nations. « En effet, dit M. Arnaud, le pays de Canaan avait une double mission à remplir dans les desseins de Dieu. Il était appelé à servir de demeure au peuple israélite et, par ce peuple, à concourir à l'œuvre de la rédemption du genre humain. Car ce ne sont pas les nations seulement qui, dans les grands mouvements de l'histoire, ont leur mission particulière à remplir ; les contrées elles-mêmes ont souvent une destination marquée, et telle fut celle du pays de Canaan, non seulement par rapport au peuple de l'Ancienne Alliance, mais encore par rapport à l'humanité tout entière (1). »

Si nous pouvons démontrer qu'il y avait une convenance parfaite entre ce pays et ce mouvement, une convenance telle qu'il aurait été impossible d'en trouver dans aucun autre pays, et que, dans tous ses arrange-

(1) Arnaud, *La Palestine,* p. 94.

ments et dispositions, la Palestine, plus qu'aucun autre lieu sur la terre, était adaptée à la naissance, au développement ét enfin à l'achèvement du système de vérité religieuse qui y a été inauguré, nous aurons alors une preuve large et concluante de la divinité de ce mouvement, en d'autres termes, de la divinité du Christianisme. Le pays et le mouvement surnaturel qui y a pris naissance conviennent admirablement l'un à l'autre, il paraît donc bien que Celui qui est le Créateur de l'un est aussi l'Auteur de l'autre. Ce sujet offre, en faveur de la vérité de la révélation chrétienne, un argument auquel on n'a pas fait beaucoup d'attention, et qui a été rarement présenté. Cependant cet argument est si évident qu'il a frappé M. Renan lui-même. Voici ses paroles : « L'accord frappant des textes et des lieux, la merveilleuse harmonie de l'idéal évangélique avec le paysage qui lui servit de cadre furent pour moi comme une révélation. »

Quand un habile architecte veut bâtir un édifice qu'il entend consacrer à un noble usage, un édifice sur lequel il désire naturellement prodiguer toutes les ressources de son art, afin qu'il soit un monument de son génie pour les âges à venir, comment procède-t-il ? De la manière suivante. D'abord il choisit un site convenable, ensuite il dispose un échafaudage sur lequel, étage par étage, son bâtiment pourra s'élever jusqu'à ce que vienne le temps d'y apporter la pierre qui doit couronner le sommet. Ainsi a fait le sublime Artisan de la Rédemption pour cet édifice dont le prophète a prédit qu'il « *serait bâti pour toujours* », comme un éternel monument de la puissance et de l'amour de Dieu pour les hommes. La Palestine a été le site sur lequel ses premiers étages se sont élevés, et en même temps l'échafaudage qui a servi à sa construction. Celui qui est le créateur de toutes les terres a choisi cette terre pour ce dessein si important. Nous devons maintenant montrer que ce choix est juste, et que la convenance spéciale que l'on remarque entre la Palestine et le Christianisme est un témoignage attestant la divinité de Celui qui est l'auteur de l'un et de l'autre. C'est ce que nous allons faire en considérant : 1° la dimension de la Terre-Sainte, 2° sa position et 3° ses frontières.

# I

### LA DIMENSION DE LA TERRE-SAINTE

La Palestine a été particulièrement adaptée par ses dimensions pour être la base de ce grand mouvement spirituel. C'est un des plus petits pays du globe. D'après saint Jérôme elle ne compterait que cent soixante milles romains du nord au sud, ce qui ferait à peine une soixantaine de lieues, c'est à peu près la distance de Paris au Hâvre. Sa largeur est beaucoup moindre, et si nous mettons de côté le Basan et la Pérée, qui sont au delà du Jourdain, nous ne trouvons de ce fleuve jusqu'à la Méditerranée qu'une vingtaine de lieues environ. Du reste, l'illustre docteur de Bethléem ne nous donne aucun chiffre à ce sujet. Après avoir indiqué la longueur de cette province du nord au sud, il refuse en ces termes d'en donner la largeur : « *Pudet dicere latitudinem terræ repromissionis ne ethnicis occasionem blasphemandi dedisse videamur* (1). » Pour nous résumer en un mot disons que la Palestine avait en surface à peu près l'étendue de la Suisse. Nous avons pu la traverser depuis Tibériade jusqu'au mont Carmel de minuit à midi, au pas du cheval. Telles sont les étroites limites de cette terre si célèbre. On ressent une pénible surprise la première fois qu'on remarque combien ses dimensions sont exiguës. Comparée aux puissants empires qui régnaient autour d'elle, ce n'était qu'un simple point. Cependant tandis que ceux-ci ont été rejetés, la Palestine a été choisie pour être le lieu d'origine de la plus noble poésie, la source de la morale la plus pure et le premier siège — c'est là sa principale gloire — le premier siège de la seule religion surnaturelle et véritable. Ce choix était-il sage ?

Nous avons le sentiment (et il n'est pas aisé de s'en défaire) que les grands pays peuvent seuls être le théâtre de grands événements, et qu'une contrée de très petites proportions n'est pas apte à jouer jamais un rôle considérable dans le monde. Cependant toute l'histoire est là pour corriger cette erreur. Rappelons-nous le brillant rôle de la petite Grèce dans les temps anciens ; plus tard, celui de la République de Venise ; l'éclat dans les armes et dans les lettres qui a illustré la Hollande au XVIe siècle, ainsi que les traits d'hé-

---

(1) Saint Jérôme, *Lettre à Dardanus*, 129.

roïsme et de patriotisme qui ont fait rejaillir un rayon
de gloire sur le sol des cantons Suisses. L'histoire
nous fournit bien d'autres exemples, mais ceux-ci
peuvent suffire. Ils montrent que les minces pays, plu-
tôt que les vastes, sont le siège naturel d'événements
considérables, la demeure de hautes aspirations et
d'exploits splendides. Il n'est pas difficile d'expliquer
pourquoi il en est ainsi.

Je suppose que quelqu'un désire allumer un fanal,
comment s'y prend-il? Suspend-il un énorme globe
brumeux dans l'espérance que, quoiqu'il soit obscur,
son volume le rendra visible? Non, il sait que l'obscu-
rité l'annihilerait promptement. Il allume sa lumière,
il la place dans un foyer et il l'envoie en avant dans
un jet clair, concentré, brûlant. Alors, semblable à
une flèche, ce fanal perce le sein des ténèbres ; sa lumière reluit au loin comme de près, sur terre et sur
mer, et le voyageur incertain de sa route dans le désert, et le marin sur la vague orageuse saluent et bé-
nissent ses rayons. Il en est d'un grand principe
comme d'un fanal matériel. Vous devez concentrer sa
lumière, vous devez l'attirer dans un étroit foyer, si
vous voulez l'envoyer au large sur le monde, ou le
faire descendre dans les âges jusqu'à l'avenir le plus
éloigné. Si vous le placez dans une vaste contrée au
milieu de populations immenses et hétérogènes, les
chances sont pour qu'il s'éteigne, étant entouré par
des masses indolentes et inertes qu'il ne peut pénétrer
et étant étouffé par la prédominance des intérêts maté-
riels et égoïstes. Vous devez chercher un petit pays et

une nation peu nombreuse, et y déposer votre principe si vous voulez qu'il vive et qu'il devienne un principe gouvernant le monde. Ainsi placé, il pénètre et
vivifie tous les membres de cette petite communauté
dans le cœur de laquelle il existe, et chacun de leurs
actes, privés et publics, n'est qu'une manifestation de
ce grand principe qui leur est propre, et le monde
alentour s'étonne à la vue des nobles événements qui
ont lieu dans un territoire si restreint, et des faits
d'abnégation et d'héroïsme qui sont accomplis par un
si petit peuple. C'est ainsi que vous attirez votre
lumière dans un foyer éclatant.

Le Seigneur a fait la même chose quand il a allumé
le flambeau de sa révélation en Judée. Il l'a déposé
comme dans un foyer. Mais qu'est-ce qui, en Judée,
offrait des facilités spéciales pour concentrer ainsi la
divine lumière. C'était l'exiguïté du pays et la peti-
tesse de la nation. En premier lieu, Dieu commanda
que toute la nation lui rendît son culte à un seul autel.
Nous n'avons pas besoin de faire remarquer quelle
puissante influence repose dans ce précepte. Par là,
les Hébreux apprenaient à connaître ce qu'on peut
appeler le *cœur* de la nation d'où procédaient ces pal-
pitations énergiques qui devaient les unir en un seul
peuple et les pénétrer d'un sentiment patriotique. Ce
*cœur* de la nation était enflammé du désir de rendre
hommage à leur roi unique, à Jéhovah, et d'entrete-
nir l'idée messianique, qui était particulièrement la
raison d'être du peuple juif. Il était enjoint de plus à
tous les hommes d'Israël de s'assembler dans la capi-

tale trois fois dans l'année. Tandis que les contrées environnantes étaient éclairées par les feux allumés en l'honneur de Baal (les sommets embrasés de Moab pouvaient être vus de Jérusalem), le peuple hébreu se réunissait, trois fois par an, dans sa capitale pour renouveler sa confession nationale : « *Jéhovah seul est Dieu.* » Quelle admirable disposition pour conserver toujours vivante la piété de la nation, et l'empêcher de tomber dans cette idolâtrie dont les splendides sanctuaires voluptueux et séduisants se voyaient de tous les côtés autour d'eux.

Mais c'étaient les dimensions restreintes de leur pays qui rendaient possibles ces fréquentes réunions au moyen desquelles les Hébreux étaient pénétrés et vivifiés par la vérité de la suprématie spirituelle de Jéhovah qui ennoblissait leurs âmes. Si la Judée avait étendu ses limites aussi loin que l'ancien empire romain, ou que la Russie moderne, ces trois assemblées annuelles auraient été impraticables.

Il serait difficile de se faire une trop haute idée de l'influence que cette observance annuelle de la Pâque avait pour conserver dans le peuple israélite cet esprit religieux qui était toujours prêt à céder devant les exemples funestes des nations voisines idolâtres, mais qu'il était cependant si nécessaire de maintenir à un degré élevé pour les plus précieux intérêts du monde dans un temps à venir. Dans l'intervalle, quand la saison de semer était passée, et que celle de récolter n'était pas encore venue, la fête de Pâque appelait la nation tout entière à Jérusalem. Nous les voyons se groupant en compagnies de quarante ou cinquante, et accourant des frontières de leur pays — depuis les racines verdoyantes du Liban, au nord, jusqu'aux plaines jaunâtres et arides de Bersabée, au sud ; depuis la côte de la mer, à l'ouest, jusqu'aux rives du Jourdain et aux collines de Galaad, à l'est, — et en traversant les vallées, ou en grimpant sur les montagnes, ils causent des événements merveilleux que leurs ancêtres leur ont racontés, et ils chantent les cantiques de Sion. Ces souvenirs sacrés les pénètrent vivement et enflamment leurs cœurs. Nous les apercevons maintenant aux portes de la capitale Judaïque, ils en franchissent le seuil par familles et par tribus. Ils se pressent en foule sur les parvis du temple pour offrir les sacrifices prescrits par Moïse ; ils remplissent les rues de Jérusalem : leurs tentes marquent de points blancs la montagne des Oliviers, et se groupent dans les vallées environnantes. Quel spectacle ! Quel enthousiasme ! Une nation tout entière remuée par un puissant sentiment, et se réunissant pour l'observance d'une même et auguste cérémonie.

Alors arrivait la veille de Pâque. Combien le rite de cette antique ordonnance était solennel et propre à faire impression sur les âmes ! Comme il leur enseignait clairement qu'ils étaient un peuple racheté ! La Pâque les ramenait en arrière jusqu'à cette nuit mémorable en Egypte où leur nation avait pris son origine. Les étonnants miracles, les punitions terribles, les délivrances inespérées qui avaient signalé l'Exode repassaient devant eux. Leur nation reprenait, pour ainsi dire, une nouvelle naissance année par année. Il aurait été bien apathique et bien froid cet Israélite dont la piété n'aurait pas été embrasée d'une plus vive flamme, et dont le patriotisme n'aurait pas été animé d'un plus frais enthousiasme par la célébration d'une fête qui lui rappelait la mémoire (et même le plaçait au milieu), de ces prodiges inouïs qui avaient marqué l'ouverture de la carrière de sa nation. Où donc y avait-il, parmi tous les peuples de l'antiquité, et même dans la Grèce si renommée pour ses réunions nationales, où donc y avait-il une convocation comme celle-ci, ou une solennité aussi capable d'imprimer à une nation un caractère moral et religieux ?

## II

### LA POSITION DE LA TERRE-SAINTE

Nous devons maintenant faire remarquer, à un second point de vue, la convenance spéciale de la Palestine pour sa noble fin, c'est-à-dire sa place sur le globe. Suivons notre comparaison. Quand vous allumez une lampe, vous ne la placez pas dans un coin de la maison, beaucoup moins en dehors, mais vous la posez dans le centre de l'édifice, au milieu de l'appartement, afin que tous les habitants puissent voir sa lumière. Jéhovah a allumé le flambeau de sa révélation en Palestine. Remarquons combien était admirable le choix de cette province. L'univers ne pouvait pas offrir un autre pays aussi bien adapté à un tel but. Déroulez la carte de

l'ancien monde, quelle terre trouvez-vous à son centre ?
Eh bien, c'est la petite Judée. Et voyez quel brillant
cercle de grands empires et de nations fortes, mais
païennes, se développe autour d'elle ! Ici, au sud, c'est
le vieux royaume d'Égypte ; là, à l'est, c'est la formidable monarchie de Babylone ; au nord, se trouve le
puissant royaume d'Assyrie ; et, à l'ouest, s'élèvent les
empires de Grèce et de Rome. De ces cinq pouvoirs,
les trois premiers étaient, à cette antique époque, florissants dans les arts et dans les armes ; les deux
derniers devaient même surpasser leurs prédécesseurs
dans toutes les ressources de l'autorité politique et de
la gloire intellectuelle, et ils devaient les surpasser
aussi dans le culte idolâtrique, au soutien et à l'embellissement duquel tous les cinq consacrèrent leur
énergie artistique et militaire. Au milieu de cet entourage d'empires despotiques et païens brillait le flambeau
allumé par Jéhovah.

Par l'épée de Josué, le Très-Haut nettoya ce petit territoire central, en chassant les populations corrompues
qui l'occupaient, afin de pouvoir y élever un appareil
pour son opération spirituelle sur le monde, et le délivrer de la servitude sans espoir que ces cinq royaumes
lui auraient infligée. Quelle sagesse surhumaine et
quelle prescience divine ce choix ne montre-t-il pas !
Par cette disposition non seulement le Seigneur a préparé d'avance l'extinction des ténèbres, mais il n'a pas
laissé, même alors, les Gentils sans témoignage. La
lumière, qui était destinée au genre humain tout entier,
n'était pas allumée dans un coin éloigné de la terre, ou

dans quelque île solitaire de la mer, elle brillait devant les yeux de tous les peuples ; ses rayons descendaient, comme un ruisseau limpide, des sommets des montagnes de la Judée sur le monde plongé dans les ténèbres. La Palestine était un prédicateur de vérité au milieu du désert moral du paganisme universel ; elle criait, comme le Précurseur du Messie : « Préparez la voie du Seigneur. » — « Cherchez celui qui a créé les sept étoiles et Orion. »

## III

### LES FRONTIÈRES DE LA TERRE-SAINTE

Nous reconnaissons une troisième aptitude spéciale de la Palestine pour sa sublime destination dans les fortes défenses qui s'élevaient tout autour d'elle. Il était nécessaire que le flambeau divin ne fût ni trop loin, ni trop près, des nations qui régnaient sur le monde. Il ne devait pas en être trop éloigné de peur que ses rayons leur devinssent invisibles ; il ne devait pas en être trop proche de peur que ceux qui haïssaient cette lumière céleste ne puissent avancer la main sur elle et l'éteindre. Elle se trouvait tout à la fois auprès et au loin d'eux. Elle était près par la proximité réelle dans l'espace ; elle était loin, si l'on considère les formidables barrières qui s'élevaient entre elle et ses ennemis.

La Judée était protégée contre les dangers auxquels elle était exposée par les remparts construits par la nature qui l'entouraient, et qui étaient des obstacles plus puissants dans l'antiquité qu'ils ne le seraient

aujourd'hui. Au sud, il y avait entre elle et l'Égypte le
désert de l'Arabie Pétrée. Combien de fois dans les
temps anciens, et même dans les temps modernes, des
corps d'armées n'ont-ils pas éprouvé à leurs dépens la
difficulté de traverser ces sables brûlants ! La Palestine
était séparée de Babylone, à l'est, par des montagnes,
ainsi que par des steppes stériles et immenses. Au
nord, elle était défendue contre l'Assyrie par les neiges
et les précipices du Liban. A l'ouest, entre elle et la
Grèce ainsi que Rome, la Grande Mer roulait ses vagues
perfides. On le voit, la Judée, protégée aux quatre points
cardinaux, pouvait reposer en sécurité quoiqu'elle fût
entourée par des voisins puissants et hostiles qui avaient
à leur service des troupes redoutables, qui enviaient la
prospérité et détestaient la religion des Hébreux. Aussi
l'histoire nous apprend que les portes de ce pays ne
furent jamais ouvertes que lorsque les Israélites devin-
rent infidèles aux conditions suivant lesquelles ils pos-
sédaient le pays de Canaan. Ce ne fut que lorsqu'ils
eurent fléchi les genoux devant les idoles qu'ils furent
forcés de courber le cou sous un joug étranger.

Telles sont les preuves que fournit la Terre-Sainte en
faveur de la vérité de cet admirable système religieux
qui a pris là-bas sa naissance et son perfectionnement.
C'était la seule contrée dans le monde qui fût bien apte
au développement et à la conservation de ce système
sous ces trois rapports : sa dimension, sa position et
ses frontières. Et ceci nous fait comprendre le but final
de tous les actes de la Providence divine à l'égard de
la Palestine. Si les Cananéens n'en avaient pas été
chassés, si les Hébreux n'y avaient pas été amenés, s'ils

n'avaient pas été ramenés de la captivité de Babylone, et conservés dans ce pays jusqu'à ce que l'Église Chrétienne fût sortie de l'institution Mosaïque, le monde n'aurait pu être sauvé. La révélation divine n'aurait pas reçu son perfectionnement, elle aurait péri, et avec elle se serait évanoui tout ce qui en découle, et découle d'elle seule, c'est-à-dire la morale évangélique, les arts, la liberté, en un mot la civilisation dont jouit le monde chrétien. Ni la Grèce, ni Rome, malgré leurs profonds philosophes, leurs éloquents orateurs et leurs intrépides guerriers, n'auraient pu établir une civilisation qui eût été aussi parfaite et aussi durable. L'une et l'autre, après un court espace de temps, se seraient englouties dans les ténèbres et la corruption, car le véritable progrès est indissolublement lié à cette religion chrétienne qui seule est descendue du ciel. Quand cette religion n'eut plus besoin d'une base territoriale, (et une telle base n'était plus nécessaire après la naissance du Christianisme), alors le pays qui avait été son berceau et sa demeure fut rejeté, et les Juifs infidèles en furent expulsés, comme les Cananéens l'avaient été avant eux. Quelque chose pourrait-elle montrer plus clairement le choix de Dieu, et l'usage auquel étaient destinés en même temps et ce peuple et cette terre ? Quand on considère attentivement ces faits, il est impossible de résister à la conclusion suivante : Celui qui a formé cette terre et choisi ce peuple a aussi institué cette religion dont la Palestine était le siège, et dont les Juifs étaient les gardiens.